BEI GRIN MACHT SICH IHR
WISSEN BEZAHLT

- Wir veröffentlichen Ihre Hausarbeit,
  Bachelor- und Masterarbeit

- Ihr eigenes eBook und Buch -
  weltweit in allen wichtigen Shops

- Verdienen Sie an jedem Verkauf

Jetzt bei www.GRIN.com hochladen
und kostenlos publizieren

Bibliografische Information der Deutschen Nationalbibliothek:

Die Deutsche Bibliothek verzeichnet diese Publikation in der Deutschen National-
bibliografie; detaillierte bibliografische Daten sind im Internet über http://dnb.d-
nb.de/ abrufbar.

Dieses Werk sowie alle darin enthaltenen einzelnen Beiträge und Abbildungen
sind urheberrechtlich geschützt. Jede Verwertung, die nicht ausdrücklich vom
Urheberrechtsschutz zugelassen ist, bedarf der vorherigen Zustimmung des Verla-
ges. Das gilt insbesondere für Vervielfältigungen, Bearbeitungen, Übersetzungen,
Mikroverfilmungen, Auswertungen durch Datenbanken und für die Einspeicherung
und Verarbeitung in elektronische Systeme. Alle Rechte, auch die des auszugsweisen
Nachdrucks, der fotomechanischen Wiedergabe (einschließlich Mikrokopie) sowie
der Auswertung durch Datenbanken oder ähnliche Einrichtungen, vorbehalten.

Impressum:

Copyright © 2010 GRIN Verlag, Open Publishing GmbH
Druck und Bindung: Books on Demand GmbH, Norderstedt Germany
ISBN: 9783640661503

Barbara Bilyk

Neue Wissensökonomie auf nationalem Niveau?

EU Erweiterung - Beispiel Polen

GRIN Verlag

GRIN - Your knowledge has value

Der GRIN Verlag publiziert seit 1998 wissenschaftliche Arbeiten von Studenten, Hochschullehrern und anderen Akademikern als eBook und gedrucktes Buch. Die Verlagswebsite www.grin.com ist die ideale Plattform zur Veröffentlichung von Hausarbeiten, Abschlussarbeiten, wissenschaftlichen Aufsätzen, Dissertationen und Fachbüchern.

Besuchen Sie uns im Internet:

http://www.grin.com/

http://www.facebook.com/grincom

http://www.twitter.com/grin_com

UNIVERSITÄT ZU KÖLN

WIRTSCHAFTS- UND SOZIALGEOGRAPHISCHES INSTITUT

Seminararbeit

EU-Erweiterung

-

Neue Wissensökonomie auf nationalem Level?

Beispiel Polen

Hauptseminar: „The Ecnomic Geography of the European Union"

Sommersemester 2010

Barbara Bilyk   Studiengang: BWL

8. Semester

Inhaltsverzeichnis

Abkürzungsverzeichnis

BIP	Bruttoinlandsprodukt
EU	Europäische Union
FDI	Ausländische Direktinvestition (Foreign Direct Investment)
F&E	Forschung und Entwicklung
IKT	Informations- und Kommunikationstechnologie

1. Einleitung

In der im Jahr 2000 festgelegten Strategie von Lissabon hält der Europäische Rat sein Ziel fest *„die [Europäische] Union zum wettbewerbsfähigsten und dynamischsten wissensbasierten Wirtschaftsraum der Welt zu machen"* (Europäischer Rat 2000). Wissen ist demnach ein entscheidender Faktor für Fortschritt sowie für die Behauptung der Wettbewerbsposition auf regionaler, nationaler und internationaler Ebene. Durch die Bildung neuen Wissens und anschließender Verbreitung bzw. Anwendung soll in den EU-Mitgliedsstaaten dauerhaftes ökonomisches Wachstum sowie sozialer Wohlstand erreicht werden. Die erste EU-Erweiterung 2004 stellte aufgrund der eklatanten Entwicklungsunterschiede zwischen alten und neuen Mitgliedsstaaten eine besondere Herausforderung für dieses gemeinsame Vorhaben dar (Udovic/Bucar 2007: 1f.).

Vor diesem Hintergrund besteht das Ziel dieser Seminararbeit darin, das Konzept der Wissensökonomie zu erörtern und am Beispiel Polens zu analysieren, inwiefern das Land sich zu einer nationalen Wissensökonomie entwickelt (hat).

2. Konzeptionelle Erörterung

2.1. Zum Begriff der Wissensökonomie

Der Begriff „Wissensökonomie" stellt den am stärksten wachsenden und volkswirtschaftlich wichtigsten Teil der Wirtschaft in den Mittelpunkt der Betrachtung (Moldaschl/Stehr 2010: 12). Trotz der unterschiedlichen Definitionen herrscht in der Literatur ein genereller Konsens darüber, dass durch die Globalisierung und den technologischen Wandel Wissen für den Fortschritt von Nationen bedeutender geworden ist als die Produktionsfaktoren Arbeit, Kapital und Boden (Moldaschl/Stehr 2010: 49). Grundlage der Wissensökonomie ist der umfassende Informationsaustausch zwischen Individuen sowie ihrer Umwelt, der durch die Fähigkeit der Informations-verarbeitung den Erwerb neuen Wissens ermöglicht (Nonaka/Toyama/Byosière 2003: 492). Wissen wird als ein ökonomisches Gut definiert, da die Wertschaffung und das Wachstum der Wirtschaftssektoren auf der Nutzung dieses Guts basieren (Brinkley 2006: 5).

2.2 Betriebswirtschaftliche Sichtweise

Die Fähigkeit eines Unternehmens neues Wissen zu generieren sowie es effektiv zu nutzen und durch Lernprozesse zu erweitern kann aus betriebswirtschaftlicher Sicht einen nachhaltigen Wettbewerbsvorteil begründen (Nonaka/Toyama/Byosière 2003: 491). Im Sinne der Resource Based View sind die Eigenschaften dieser immateriellen Ressource ausschlaggebend: sie kann von anderen Unternehmen nur schwer imitiert oder substituiert werden und ist eingeschränkt handelbar (Moldaschl/Stehr 2010: 46).

Der Prozess der Wissensbildung nimmt in Unternehmen einer Wissensökonomie folglich eine entscheidende Bedeutung ein, der nach Nonaka/Toyama/Byosière (2003) anhand eines mehrstufigen Modells dargestellt werden kann. Ausgangspunkt ist hierbei die Stufe der Wissenskonversion von expliziten und impliziten Wissen. Explizites Wissen kann formal ausgedrückt und einfach verbreitet werden, wohingegen implizites Wissen durch subjektive Erfahrungen entsteht und nur schwer zu formalisieren ist. Die Externalisierung impliziten Wissens ist gemäß der Modelllogik der Schlüsselfaktor der organisationalen Wissensgenerierung. Des Weiteren ist die unaufhörliche und dynamische Interaktion mit den anderen zwei Stufen, den Plattformen bzw. Orten für die Wissensbildung sowie den Inputs und Outputs der Wissensbildung, zentral. Der resultierende spiralförmige Prozess kann laut Nonaka/Toyama/Byosière (2003) am effizientesten mithilfe eines middle-up-down Managementansatzes, bei dem die Führungskräfte der mittleren Managementebene zwischen Unternehmensführung und ausführenden Mitarbeitern vermitteln, umgesetzt werden.

Kritisch ist bei diesem Modell jedoch der japanische Kulturkreis der Autoren sowie der eingeschränkte Bewährungsgrad zu anzumerken, wodurch das Modell in seiner Anwendung für westliche Betriebe limitiert wird (Gourlay 2006: 1430).

Nichtsdestotrotz zieht der im Modell beschriebene Einfluss des Ortes die wichtige Frage nach sich, wo ein Unternehmen seine Wissensbildungsprozesse verwirklichen will. Seit der Öffnung der Märkte innerhalb der EU und auf globaler Ebene haben sich Unternehmen häufiger dazu entschlossen, ihre F&E-Abteilung ins Ausland zu verlagern oder wissensintensive Tochtergesellschaften im Ausland aufzubauen. Motive für eine solche Entscheidung sind meist die Nähe zum lokalen Markt, d.h. die Möglichkeit zur intensiveren Kundenkontakten und zur schnelleren Wahrnehmung von Markttrends, der Zugang zu Wissen und Fähigkeiten der Erwerbsbevölkerung und den damit verbundenen Chancen des Lernens oder ein geringes Kostenniveau des Gastgeberlandes (De Mayer 1992: 166). Unter Umständen sind mehrere Motive miteinander verknüpft. Das Gastgeberland profitiert von dieser Internationalisierungsstrategie, da durch gleichzeitigen Wissens- und

Technologietransfer die Entwicklung einer Wissensökonomie beschleunigt werden kann (Grandstrand/Hakanson/Sjölander 1992: 9).

3. Wissensökonomie auf nationaler Ebene

Die konzeptionelle Erörterung der Wissensökonomie in Kapitel zwei impliziert, dass Wissen nicht mit anderen Produktionsfaktoren oder Wirtschaftsgütern vergleichbar ist. Sodann stellt sich die Frage, wie die aus Wissensaktivitäten resultierenden Effekte trotz ihrer Komplexität gemessen werden können. Herausfordernd sind hierbei die weitreichenden Wirkungszusammenhänge zwischen Unternehmen, Universitäten, Forschungsinstitutionen, Regierungen und internationalen Organisationen (Gault 2010: 182 ff.). Aufgrund der Vielzahl und Varietät der in der Empirie eingesetzten Indikatoren zur Messung des Entwicklungsstands einer Wissensökonomie und der damit eingeschränkten Evaluation und Vergleichbarkeit nationaler Leistungsfähigkeiten, wurde das von der europäischen Kommission unterstützte Projekt "Knowledge economy indicators" ins Leben gerufen. Ausgehend von einer State-of-the-Art-Analyse, in der eine generelle Übereinstimmung über einen Kern von Parametern festgestellt werden konnte, wurden Indikatoren mit hoher Validität für das Konstrukt der Wissensökonomie identifiziert und in drei Gruppen eingeteilt (Gault 2010: 181; Arundel/Hansen/Kemp 2008: 77). Die Analyse der Entwicklung Polens seit dem EU-Beitritt folgt diesem Konzept, wenngleich aufgrund des Umfangs dieser Seminararbeit nicht alle Indikatoren ausführlich betrachtet werden können.

3.1 Polens Situation vor EU-Beitritt

Während des Transformationsprozesses von der Plan- zur Marktwirtschaft in den 1990er Jahren konnte Polen zwar ein hohes ökonomisches Wachstum erzielen und damit Voraussetzungen für weitere Entwicklungen schaffen, jedoch konnte das Land vor seinem EU-Beitritt im Jahr 2004 kaum als Wissensökonomie bezeichnet werden (Stryjakiewicz 2002: 308). Gründe hierfür waren insbesondere die technologische Rückständigkeit der Unternehmen, nicht ausreichende IT- und Verkehrsinfrastrukturen sowie die äußerst geringen F&E Aktivitäten bzw. Investitionen des Landes und der privaten Wirtschaft. Dementsprechend gering war die polnische Innovationstätigkeit, wodurch nur wenige High-Tech Exporte und Patentierungen realisiert werden konnten (Stryjakiewicz 2002: 290ff.). Der Leistungsgrad Polens wies insgesamt eine hohe Diskrepanz zum EU-Durchschnitt auf, so dass für Polens Kohäsion ein Zeitraum von über fünfzig Jahren prognostiziert wurde (Pro Inno 2005: 12f.).

3.2. Entwicklungen Polens seit EU-Beitritt

3.2.1 Treiber und Charakteristika einer Wissensökonomie

Informations- und Kommunikationstechnologien haben eine sehr einflussreiche Rolle innerhalb einer Wissensökonomie, insbesondere sind sie grundlegend für Innovationen in verschiedenen Sektoren der Wirtschaft. Durch die Verbreitung von IKT, d.h. dem Aufbau einer modernen technologischen Infrastruktur, und ihrem effektiven Einsatz in Betrieben und Privathaushalten werden neue Möglichkeiten zur Wissensgenerierung bzw. -diffusion sowie für Prozessoptimierungen geschaffen, was sich durch Multiplikatoreffekte auf das Wachstum der ganzen Volkswirtschaft auswirkt (Arundel/Hansen/Kemp 2008: 17). IKT wirken daher als Motor für technologischen Fortschritt, Arbeitsproduktivität sowie individuelle Effizienz (Veuglers/Mrak 2009: 32). Im Rahmen des in Kapitel 2.2 beschriebenen mehrstufigen Modells können IKT z.B. Kodifizierung von Wissen ermöglichen und daher Wissen zugänglich und verwertbar machen. Obwohl Polen die Ausgaben für IKT bis 2008 auf einen Wert von über 5 % des BIP erhöht hat und auch EU-Mittel für Ausbau und Modernisierung von Netztechnologien eingesetzt wurden, ist die IKT-Infrastruktur noch immer nicht mit dem EU-Durchschnitt und auch nicht mit dem in anderen neuen Mitgliedsstaaten erreichten Standard zu vergleichen (The World Bank 2009: 29). Dies betrifft insbesondere die niedrige Durchdringungsrate (3,9%) mit Breitbandverbindungen im Vergleich zu 14,8 % des EU-Durchschnitts (Kaderábková/Beneš 2007: 180). Obwohl die Anzahl privater Haushalte die über Computer und Internetzugang verfügen extensiv anstieg, ist deren Gebrauch z.B. für e-Government sehr gering ausgeprägt insbesondere im Vergleich zu den baltischen Staaten (Kamińska 2009: 178). Auch die Disparität zwischen städtischen und ländlichen Regionen ist in Polen weiterhin groß (Kamińska 2009: 178). Im Hinblick auf polnische Firmen sprechen geringe Auftragseingänge über das Internet (5%) vor allem bei kleinen Unternehmen dafür, dass die Möglichkeiten der Betriebsoptimierung unter dem Einsatz von IKT noch nicht gänzlich erkannt wurden. So gaben in einer Studie der Weltbank (2007) nur etwa 40 % der Firmen mit realisierten Kostensenkungen an, dies auf den Einsatz von IKT zurückzuführen. Demzufolge können polnische Firmen den Anforderungen einer Wissensökonomie (noch) nicht entsprechen (Kamińska 2009: 182). Zudem scheint die grundlegende Basis für die (Weiter-)Entwicklung und Anwendung von IKT in Polen schwach zu sein, da nur wenige Wissenschaftler und Ingenieure im F&E-Sektor arbeiten (The World Bank 2007: 70). Dabei sind **Wissen und Fähigkeiten der Bevölkerung** ebenfalls essentiell für eine Wissensökonomie (Arundel/Hansen/Kemp 2008: 19). Die Zugänglichkeit und die Qualität von Aus- und Weiterbildungsmöglichkeiten, speziell der Universitätsausbildung, bestimmen weitestgehend das Leistungsniveau der Erwerbsbevölkerung. 2005 gab es in Polen 501.000 Hochschulabsolventen wovon 71.000 Absolventen des „Science and Engineering" (S&E) Bereichs waren (Europäische Kommission 2008: 57). Dies ist vergleichbar mit den absoluten Absolventenzahlen der alten Mitgliedsstaaten England, Deutschland oder Frankreich. Die baltischen Staaten haben aufgrund ihrer geringeren Bevölkerung zwar keine so hohen absoluten Zahlen, jedoch sprechen die über 10-prozentigen jährlichen Wachstumsraten von Hochschulabsolventen für eine ähnlich positive Entwicklung wie in Polen. Zwischen 2003 und 2008 wuchs in Polen außerdem die Anzahl der Doktoranden in S&E und sozial-/humanwissenschaftlichen Fächern über 12 %, was doppelt so hoch wie der EU-Durchschnitt war (Europäische Kommission 2009a: 39). Diese Entwicklung steht jedoch einem äußerst geringen Anteil (0,45 %) Erwerbstätiger im F&E-Sektor gegenüber, was u.a. auf das Problem des Brain Drain zurückzuführen ist (Europäische Kommission 2009a: 37). Zudem nehmen nur 5 % der polnischen Erwerbstätigen am lebenslangen Lernen, d.h. Trainings oder Schulungen, teil, wohingegen der EU-Durchschnitt im Jahr 2007 mit 9,7 % fast doppelt so hoch war (Europäische Kommission 2009a: 199). **Wissensgenerierung und Diffusion** sind weitere Hauptreiber der Wissensökonomie. Die EU-Mitgliedsstaaten hielten in der Strategie von Lissabon das Ziel fest jährlich 3 % ihres Bruttoinlandprodukts in F&E zu investieren, wovon mindestens zwei Drittel durch die Privatwirtschaft aufgebracht werden sollten (Europäische Kommission 2009a: 486ff). Die Herkunft der Finanzierung ist ein wichtiges Merkmal für den Entwicklungsstand einer Wissensökonomie, da es eine klar positive Korrelation zwischen der F&E-Intensität eines Landes und dem Anteil der von Unternehmen finanzierten F&E gibt (Europäische Kommission 2008: 32). Polen konnte das EU-Ziel 2006 nicht erreichen: nur 0,56 % des BIP wurden in F&E investiert, der EU-Durchschnitt lag zur gleichen Zeit immerhin bei 1,84 %. Zudem hat der polnische Staat mit über 57 % einen weitaus größeren Anteil an der F&E Finanzierung als private inländische Unternehmen mit nur 33,1 %. Polen befindet sich nach diesem Kriterium also noch in einem niedrigen Entwicklungsstadium einer Wissensökonomie. Außerdem haben die F&E-Intensität zwischen 2000 und 2006 nominal um 2 % abgenommen, wodurch das Land im EU-Vergleich sogar noch weiter zurück fällt (Europäische Kommission 2008: 20). Hierfür sprechen des Weiteren die äußerst geringen Patentanmeldungen bei der europäischen Patentorganisation: 2005 waren es nur 1,7 Patente pro einer Million Einwohner, wohingegen der EU Durchschnitt bei 47,7 lag (Europäische Kommission 2009a: 55). Die Diffusion von wissensbasierten Produkten oder Services ist ebenfalls niedrig ausgeprägt, da 2006 nur 3,1 % der gesamten polnischen Exporte aus dem High-Tech Sektor kamen (Europäische Kommission 2009b: 158). Neben den schon analysierten Treibern IKT, Wissen und Fähigkeiten der Bevölkerung wie auch Wissensgenerierung wird eine Wissensökonomie schließlich noch durch **Innovationen und Unternehmertum** charakterisiert. Aufgrund der hohen, vor allem finanziellen, Risiken die mit einer Firmenneugründung oder einer Neuproduktentwicklung einhergehen, ist hierbei die Risikoakzeptanz der Gesellschaft maßgeblich für das Ergebnis (Arundel/Hansen/Kemp 2008: 32). Polen scheint insgesamt risikoavers zu sein. Die Nachfrage nach neuartigen Produkten gemessen an der Bruttoanlageinvestition pro Kopf ist nur halb so hoch wie im EU-Durchschnitt und zudem erbringen auch die Firmen nur wenige innovative Leistungen. Vom gesamten Umsatz polnischer Firmen waren 2007 nur etwa 6 % auf Neuprodukte oder neue Dienstleistungen am Markt zurückzuführen, wobei der EU-Durchschnitt bei knapp 9 % lag. Zudem ist eine Abnahme um mehr als 13 % in diesem Bereich festzustellen (Pro Inno 2009: 41).

3.2.2 Ökonomische und soziale Outputindikatoren einer Wissensökonomie

Die Auswirkungen der unter 3.2.1 beschriebenen Treiber und Charakteristika können anhand von ökonomischen und sozialen Outputindikatoren gemessen werden. Wachstum und Produktivität werden allerdings auch von einer Vielzahl anders basierter Treiber bzw. Hemmnisse beeinflusst, wodurch der Bestimmungsgrad der Wissensökonomie auf diese Kennzahlen nicht eindeutig extrapoliert werden kann (Arundel/Hansen/Kemp 2008: 38). Eine durchschnittlich über fünf-prozentige Wachstumsrate des BIP in den Jahren 2004 bis 2008 und eine schnellere Konvergenz der Arbeitsproduktivität an den EU-Durchschnitt als in den baltischen Staaten manifestieren den konjunkturellen Aufschwung Polens und das Aufholen von Entwicklungsrückständen (Europäische Kommission 2009a: 70ff). Gerade in der derzeitigen Wirtschafts- und Finanzkrise kann Polen seine Position in der globalen Marktwirtschaft behaupten: das reale BIP wuchs in 2009 um 1,7 % wohingegen die baltischen Staaten mit einem 14-18-prozentigen Rückgang zu kämpfen haben. Für die Erwerbstätigenquote wurde in der Strategie von Lissabon ein Zielwert von 70 % festgelegt. Dies konnte von Estland und Lettland erreicht werden, Polen hingegen erreichte nicht einmal eine Erwerbstätigenquote von 60 % (Europäische Kommission 2009a: 265ff.).

Die Arbeitslosigkeit konnte in Polen zwar unter 10 % gesenkt werden, dies ist aber immer noch am untersten Ende im EU-Vergleich (Europäische Kommission 2009a: 280). Problematisch ist insbesondere die hohe Jugend- und Altersarbeitslosigkeit (Vetter 2009: 4).

Ein weiterer sozialer Indikator der ökonomischen Wohlfahrt ist die Verteilung der Einkommen innerhalb eines Landes. 2008 hatten in Polen 20 % der Bevölkerung mit dem höchsten Einkommen ein etwa fünf mal so hohes Einkommen wie die 20 % mit dem geringsten Einkommen. Dies entsprach nahezu dem EU-Durchschnitt und war geringer als in den baltischen Staaten (Europäische Kommission 2009a: 236ff.).

3.2.3 Indikatoren der Internationalisierung einer Wissensökonomie

Die Integration eines Landes in den europäischen und globalen Markt hat auch Auswirkungen auf die Entwicklung einer Wissensökonomie, da durch Handels-beziehungen und ausländische Direktinvestitionen ein grenzenloser Wissenstransfer ermöglicht wird (Veugelers/Mrak 2009: 4). Um für ausländische Direktinvestoren attraktiver zu werden, hat die polnische Regierung in den letzten Jahren aktive Maßnahmen wie z.b. Steuervergünstigungen eingesetzt (Frost&Sullivan 2008: 21). Das dieses Konzept aufgegangen ist, wird durch den 30-prozentigen Anteil der FDI am polnischen BIP verdeutlicht sowie den im Vergleich zu Ostmitteleuropa höchsten Gesamtbestand an FDI (Vetter 2007: 2). Mit 16,6 Milliarden Euro konnte Polen 2007 seinen bislang höchsten Zufluss an FDI verbuchen, wobei Deutschland der größte Investor war (Vetter 2009: 2). Zwar haben einige Investoren wie z.b. Siemens bereits in wissensintensive Industrien investiert, insgesamt lässt sich aber immer noch eine Konzentration der FDI auf traditionellere Industrien wie Fahrzeugherstellung oder Lebensmittelverarbeitung feststellen (Vetter 2009: 3f.). Ausländische Konzerngesellschaften wie beispielsweise Volkswagen oder Metrogroup sind in Polen außerdem mehr auf Produktion als auf F&E fokussiert. 2006 wurde in den baltischen Staaten 14-18 % der F&E von ausländischen Investoren finanziert, wohingegen in Polen der Wert bei nur 7 % lag (Europäische Kommission 2008: 89). Ein letzter Indikator ist in diesem Bereich der Anteil ausländischer Studenten im tertiären Bildungssektor. In 2006 waren an polnischen Hochschulen gerade einmal 0,5% ausländische Studenten eingeschrieben, in den baltischen Staaten waren es immerhin 1-3%. Der EU-Durchschnitt lag sogar bei 9 % (Europäische Kommission 2008: 23).

4. Ergebnisse und Implikationen

Die Analyse in Kapitel drei zum Stand der Wissensökonomie in Polen zeigt, dass relative Stärken des Landes das Wissen und die Fähigkeiten der Bevölkerung, das Gesamtwirtschaftswachstum und die Offenheit für ausländische Direktinvestitionen sind. Relative Schwächen zeigt Polen hingegen in der Nutzung von IKT, der Investition in F&E sowie in der Innovationstätigkeit. Die baltischen Staaten, allen voran in Estland, haben im

Vergleich hierzu mit weniger grundlegenden Problemen zu kämpfen und scheinen daher wettbewerbsfähiger auf dem internationalen Markt zu sein, wenngleich auch sie noch nicht vollkommen an den Standard der weiterentwickelten, alten Mitgliedsstaaten wie beispielsweise Deutschland herankommen. Um dieser Konkurrenz standhalten zu können, muss Polen die Entwicklung der Wissensökonomie aktiv vorantreiben (Veugelers/Mrak 2009: 1; Vetter 2007: 6). Demzufolge ergeben sich diese Implikationen:

Der hohe Entwicklungsstand der tertiären Ausbildung in Polen stellt das wettbewerbsfähige Potenzial des Landes dar. Demgegenüber zeigt jedoch die niedrige Innovationstätigkeit polnischer Firmen, dass dieses Pozential bislang nicht adäquat ausgeschöpft wird, was die Entwicklung einer Wissensökonomie negativ beeinflusst. Grund hierfür ist das betriebliche Umfeld, das u.a. durch Barrieren für Firmneugründungen und geringe Effizienz der Bürokratie gekennzeichnet ist (Goldberg 2004: 9). Zudem lässt sich im Vergleich zu ausländischen Investoren immer noch eine technologische Rückständigkeit erkennen, die durch einen Kapitalmangel und der unzureichenden Verwertung importierter Technologien zustande kommt (Vetter 2007: 3; Zienkowski 2008: 127). In einer Wissensökonomie hängt der ökonomische Wachstum zunehmend von dem Investitionsvolumen in F&E ab, weshalb Polen privatwirtschaftliche F&E-Aktivitäten stärker unterstützen und Kooperationen zwischen wissensbasierten in- und ausländischen Unternehmen sowie Institutionen stimulieren muss, um diese Situation zu verbessern (Górzynski 2007: 342). Dementsprechende Projekte sollten nicht nur zur Verbesserung der Innovationstätigkeit einzelner Unternehmen führen, sondern auf die höchst mögliche Wertschöpfung für die gesamte Ökonomie abzielen (Kałużyńska/Smyk/Wiśniewski 2009: 199). Steueranreize für neugegründete klein- und mittelständische Unternehmen, Reduzierung von bürokratischer Belastung, Förderung von Clustern und öffentlich-privaten Partnerschaften sind konkrete Maßnahmen, um einerseits die risikoaverse Mentalität des polnischen Unternehmertums zu überwinden und andererseits als F&E-Standort für ausländische Betriebe attraktiver zu werden (Zienkowski 2008: 128). Zudem sollte Polen die Chance ergreifen, dass durch die FDI eingebrachte und daher externe technologische Wissen für den lokalen Bedarf zu übernehmen, um hiermit Innovationen schneller hervorzubringen (Kaderábková/Beneš 2007: 195). Damit die mit diesen Maßnahmen verbundenen finanziellen Aufwendungen nicht verschwendet werden, muss die Ökonomie fähig sein Wissen aus internen und externen Quellen zu identifizieren, aufzunehmen und zu verwerten. Für diese Fähigkeit ist lebenslanges Lernen von zentraler Bedeutung. In diesem Bereich hat Polen einen großen Aufholbedarf im Vergleich zum EU-Durchschnitt. Es müssen Anreize sowohl für angestellte Beschäftigte als auch für Arbeitslose geschaffen werden, ihr Wissen durch Schulungen oder Trainings stets auf den neusten Stand zu bringen, um den sich verändernden Anforderungen der Unternehmen gerecht zu werden (Goldberg 2004: 71). IKT, wie z.b. e-learning Lösungen, können in diesem Bereich effektiv eingesetzt werden. Dafür muss allerdings auch in die Diffusion von IKT investiert werden und deren Nutzung von privaten Haushalten und Unternehmen gefördert werden. Durch Investitionen in diesem Bereich können neben Skaleneffekten auch externe Effekte, wie z.b. Produktivitätssteigerungen in anderen Branchen, erzielt werden (Udovic/Bucar 2007: 35). Zu einer Stimulierung der Nachfrage würden Kostensenkungen massiv beitragen, die durch eine weitere Liberalisierung des Marktes erzielt werden können. Auch benutzerfreundlichere Angebote würden hierzu beitragen, wobei aufgrund des demografischen Wandels auf die Bedürfnisse der älteren Bevölkerung zu achten ist (Udovic/Bucar 2007: 34). Durch die positiven mittel- bis langfristigen Auswirkungen der hier genannten Instrumente und Lösungsmöglichkeiten könnte Polen als F&E-Standort attraktiver für in- und ausländische Unternehmen, Arbeitnehmer und auch Studierende werden und somit die Entwicklung der Wissensökonomie weiter vorantreiben (Kałużyńska/Smyk/Wiśniewski 2009: 198).

5. Fazit

In der heutigen Zeit ist der adäquate Umgang mit der Ressource Wissen sowohl auf betrieblicher, nationaler und internationaler Ebene ausschlaggebend für ökonomisches Wachstum. Die Entwicklung einer Wissensökonomie ist aber aufgrund der vielen verschiedenen Einflussfaktoren hoch komplex und unterscheidet sich bezüglich Status und Charakteristika innerhalb der EU aufgrund unterschiedlicher Ausgangslagen der Mitgliedsstaaten. Obwohl Polen wie auch die baltischen Staaten seit ihrem EU-Beitritt bereits Fortschritte erzielen konnten, vollzieht sich der Wandel zu nationalen Wissensökonomien und damit die Kohäsion dennoch langsam. Es bedarf daher einer unterstützenden EU-Politik, die gezielt an den ähnlich gelagerten Hauptschwächen der Neumitgliedsstaaten ansetzt. Unzureichende Bemühungen würden auf lange Sicht zu politisch und ökonomisch negativen Konsequenzen für die gesamte EU führen, da der Übergang zu einer Wissensökonomie eine Voraussetzung für die Konvergenz ist. Gleichzeitig müssen aber auch die nationalen Regierungen Maßnahmen zur Förderung der Wissensökonomie forcieren, um als F&E Standorte langfristig dem internationalen Wettbewerb standhalten zu können sowie ökonomischen und sozialen Wohlstand zu erreichen.

6. Literaturverzeichnis

Arundel A.; Hansen W.; Kemp R. (2008): Knowledge Economy Indicators. State-of-the-Art on the Knowledge-Based Economy. Online im Internet: http://www.uni-trier.de/fileadmin/fb4/projekte/SurveyStatisticsNet/KEI-WP1-D1.1.pdf [Stand 16.05.10].

Arundel A.; Hansen W.; Kanerva M. (2008): Knowledge Economy Indicators. Indicators for the Knowledge-Based Economy: Summary Report. Online im Internet: http://www.uni-trier.de/fileadmin/fb4/projekte/SurveyStatisticsNet/KEI-WP2-D2.5.pdf [Stand 16.05.10].

Brinkley, I. (2006): Defining the knowledge economy: knowledge economy programme report. Online im Internet: http://workfoundation.org/assets/docs/publications/ 65_defining%20knowledge%20economy.pdf [Stand 16.05.10].

De Meyer, A. (1992) : Management of International R&D Operations. In: Grandstrand, O.; Hakanson, L.; Sjölander, S. (Hrsg.): Technology Management and International Business. Chichester: John Wiley & Sons, S. 163-179.

Europäische Kommission (2008): A more research-intensive and integrated European Research Area. Science, Technology and Competitiveness key figures report 2008/2009. Online im Internet: http://ec.europa.eu/research/era/pdf/key-figures-report2008-2009_en.pdf [Stand 16.05.10].

Europäische Kommission (2009a): Europe in figures. Eurostat Yearbook 2009. Online im Internet: http://epp.eurostat.ec.europa.eu/cache/ITY_OFFPUB/KS-CD-09-001/EN/ KS-CD-09-001-EN.PDF [Stand 16.05.10].

Europäische Kommission (2009b): Science, technology and innovation in Europe. Online im Internet: http://epp.eurostat.ec.europa.eu/cache/ITY_OFFPUB/KS-EM-08-001/EN/KS-EM-08-001-EN.PDF [Stand 16.05.10].

Europäischer Rat (2000): Schlussfolgerungen des Vorsitzes. Online im Internet: http://www.consilium.europa.eu/ueDocs/cms_Data/docs/pressData/de/ec/00100-r1.d0.htm [Stand 16.05.10].

Frost&Sullivan (2008): The IT-Sector in Poland. Online im Internet: http://www.frost.com/prod/servlet/cio/155787946 [Stand 16.05.10].

Gault, F. (2010): Indicators for the Knowledge-Based Economy. In: Modaschl, M.; Stehr, N. (Hrsg.): Wissensökonomie und Innovation. Marburg: Metropolis, S. 179 – 202.

Goldberg, Itzhak (2004): Poland and the Knowledge Economy. Enhancing Poland's Competitiveness in the European Union. The World Bank. Online im Internet: http://www-wds.worldbank.org/external/default/WDSContentServer/WDSP/IB/2004/ 10/07/000012009_20041007160143/Rendered/PDF/300790ENGLISH0POL0Knowledge0economy.p df [Stand 16.05.10].

Górzynski, M. (2007): Research and development activity of the largest Polish companies – problems and challenges. In: Piech, K. (Hrsg.): Knowledge and innovation processes in Central and East European economies. Warsaw: The Knowledge & Innovation Institute, S. 315 – 331.

Gourlay, S. (2006): Conceptualizing Knowledge Creation: A Critique of Nonaka's Theory. In: Journal of Management Studies, Jg. 43, H. 7; S.1415 – 1436.

Grandstrand, O.; Hakanson, L.; Sjölander, S. (1992): Internationalization of R&D and Technology. In: Grandstrand, O.; Hakanson, L.; Sjölander, S. (Hrsg.): Technology Management and International Business. Chichester: John Wiley & Sons, S.1 – 18.

Kaderábková, A./Beneš, M. (2007): Knowledge-based competitiveness. In: Piech, K. (Hrsg.): Knowledge and innovation processes in Central and East European economies. Warsaw: The Knowledge & Innovation Institute, S. 177 – 196.

Kałużyńska, M.; Smyk, K.; Wiśniewski, J. (2009): Five years of Poland in the European Unioin. Warsaw: Office of the Committee for European Integration.

Kamińska, T. (2009): The ICT usage as an attribute of the knowledge-based economy – Poland's case. In: Transformations in Business & Economics, Jg. 8, H. 3, Supplement B, S. 166 – 183.

Modaschl, M.; Stehr, N. (2010): Eine kurze Geschichte der Wissensökonomie. In: Modaschl, M.; Stehr, N. (Hrsg.): Wissensökonomie und Innovation. Marburg: Metropolis, S. 9 – 74.

Nonaka, I.; Toyama, R.; Byosière, P. (2003): A Theory of Organizational Knowledge Creation: Understanding the Dynamic Process of Creating Knowledge. In: Dierkes, M. et al. (Hrsg.): Handbook of Organizational Learning. New York: Oxford Universtiy Press, S. 491 – 516.

Pro Inno Europe (2005): European innovation scoreboard 2005. Comparative analysis of innovation performance. Online im Internet: http://www.proinno-europe.eu/page/2005 [Stand 16.05.10].

Pro Inno Europe (2009): European innovation scoreboard 2008. Comparative analysis of innovation performance. Pro Inno Europe Paper No. 10. Online im Internet: http://www.proinno-europe.eu/page/european-innovation-scoreboard-2008 [Stand 16.05.10].

Stryjakiewicz, T. (2002): Paths of Industrial Transformation in Poland and the Role of Knowledge-based Industries. In: Hayter, R.; Le Heron, R. (Hrsg.): Knowledge, Industry and Environment. Aldershot: Ashgate, S. 289 – 311.

The World Bank (2007): ICT, Innovation and economic growth in transition economies. A multi-country study of Poland, Russia, and the Baltic Countries. Online im Internet: http://www.infodev.org/en/Publication.553.html [Stand 16.05.10].

The World Bank (2009): ICT at a glance. Poland. Online im Internet: http://devdata.worldbank.org/ict/pol_ict.pdf [Stand 16.05.10].

Udovic B.; Bucar M. (2007): Building the knowledge society: The case of European Union new member states. Revija za sociologiju, Jg. 39, H. 2, S. 29 – 49.

Vetter, R. (2007): Strukturwandel – Ausländisches Kapital modernisiert Polens Wirtschaft. Polen Analyse Nr. 18 (04.09.2007). Darmstadt: Deutsches Polen Institut.

Vetter, R. (2009): Polen fünf Jahre in der EU – wirtschaftlich ein großer Erfolg. Polen Analyse Nr. 53 (02.06.2009). Darmstadt: Deutsches Polen Institut.

Veugelers, R.; Mrak, M. (2009): The Knowledge Economy and Catching-up Member States of the European Union. Report prepared for Commissioner's Potocnik's Expert Group "Knowledge for Growth". Online im Internet: http://ec.europa.eu/invest-in-research/pdf/download_en/kfg_report_no5.pdf [Stand 16.05.10].

Zienkowski, L. (2008): Does the capital of knowledge affect the economic growth – economist's view., In: Sociological Review, Jg. 57, H. 4, S. 117 – 131.